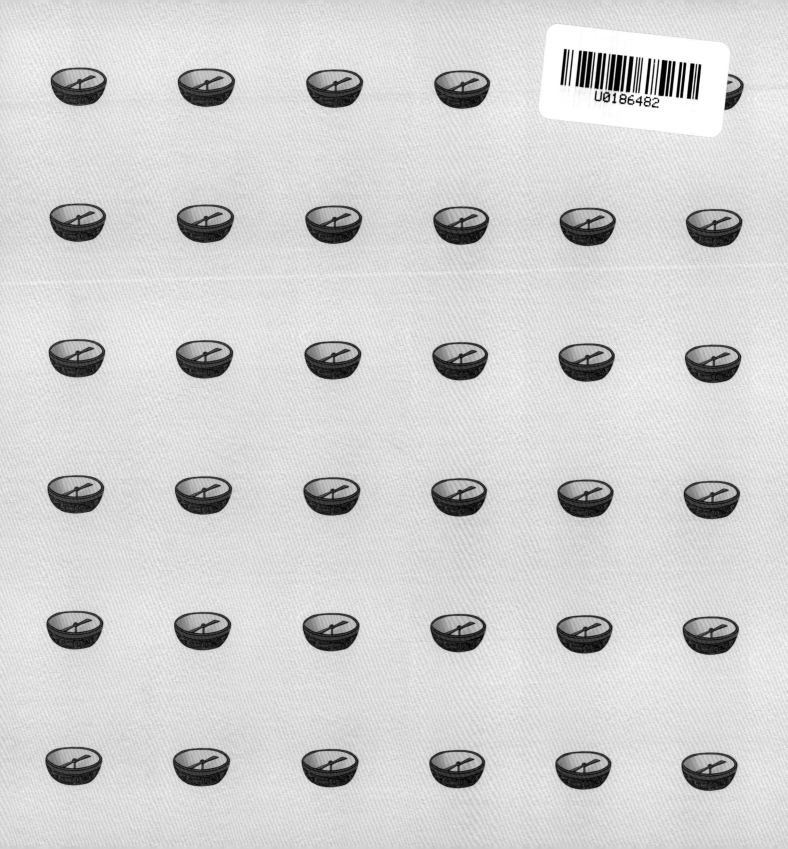

科学真有趣 · 改变世界的中国传统大发明

让出行便捷的指南针

姜蔚 / 文　谢辉 / 图

江西高校出版社

在日常生活中，我们经常需要辨别方向：白天，太阳从东方升起，从西方落下；夜晚，抬头看看北极星，就知道哪边是北方。可是，如果没有太阳，也没有星星时怎么办呢？

当当当，这个时候该指南针登场啦！

很久很久以前，古人出门时坐的都是马车或者牛车。驾车走在一条条乡间小道上，一不小心就会迷路，特别是在岔路口或者森林里。

这可怎么办？

大哥，我们好像迷路了。

司南是指南针的"祖先"，早在2000多年前就诞生了，可以说是古代最早的磁指器。不过，制作司南也有两个困难需要克服：磁石比较少，不容易找到；磁石的磁力不够强，加工的时候可能会失去磁性。

这是最后一块啦！你知道这石头有多难找嘛！

那为什么磁石能够指南、北呢？这是因为我们所在的地球就是一个大磁体。它的两极大概就在南极和北极。磁石和普通石头不一样，它带有磁性。所以当它自由转动的时候，会被地球的磁场吸引，指向南和北。

11

我国古代的人非常聪明，虽然他们当时还不明白这个原理，但是却发现了磁石的指向规律。除了司南，他们后来还发明了好几种指南器，如指南鱼、指南龟、磁针、罗盘等。

指南鱼的外形就像一条鱼，身体是薄铁片做的。之所以会指向，是因为它和磁铁摩擦过，所以拥有了磁性，可以浮在水面上指示方向。

我可不是一条普通的鱼，而是会指方向的"神"鱼。

除了铁皮，还可以用木头做指南鱼。先用木头刻一条手指大的鱼，然后在鱼肚子里放一块磁铁，南极对准鱼头。用蜡封好后，再在鱼嘴巴里插一根针。最后，把指南鱼放在水面上，奇迹就发生了——

咕噜咕噜！我的头指向哪里，哪里就是南。

14

指南龟和木制指南鱼有点儿像，都是在肚子里放一块磁铁。不同的是，指南龟不必放在水里，而是安装在竹钉上。当你轻轻地转动木头龟时，它就会转啊转啊。等它停下来时，你就知道哪边是南，哪边是北了。

想知道哪边是南，看看我脑袋指的方向就行。

15

磁针比司南、指南鱼和指南龟更小巧，也更精准，只要将磁石摩擦针锋，就可以用来指示方向了。把磁针放在水面上、碗口边缘，或者把它用绳子悬空挂起来用都可以。

虽然我个头儿小，但我"青出于蓝胜于蓝"。

磁针诞生以后，受到了航海家们的欢迎。有人给磁针配了一个分度盘，于是新一代的指南针出现了，它就是罗盘。

有了我，航海家们再也不会迷失方向啦！

17

指南针的发明，对航海事业影响巨大。到了明代，中国的航海事业达到了世界最高水平，其中最有代表性的当然是郑和下西洋啦！郑和曾经率领200多艘船只7次下西洋，比哥伦布横渡大西洋的规模还要大。

后来，磁针和罗盘传到了欧洲，被改进后，变得更加方便使用。欧洲的大航海时代也轰轰烈烈地开启了。1492年，哥伦布发现了美洲大陆；1519年，麦哲伦开始环球航行……

我终于抵达"印度"啦！

哥伦布

从那以后，欧洲通往美洲的航道"哗啦"一下被打通啦。对欧洲人来说，这条新航道就像是一条生命线，让他们获得了更多的土地和更丰富的资源。欧洲中世纪的封闭状态就这样被打破了。

指南针被西班牙和英国用于舰船上，和火药一起变成了他们的军事武器。1588年，英国打败了西班牙"无敌舰队"，成为新的海上霸主，开始了长期的殖民侵略活动。

西方有一位很有名的制图学家墨卡托，他根据测绘获得的新资料，制成了著名的航海地图"世界平面图"，第一次将世界完整地表现在地图上。

瞧，这是我做的地球仪。

如果你和家人或者朋友去野外探险，千万别忘了带上指南针。当你迷路的时候，指南针能够帮你找到回家的路。

指南针上有两个箭头，红色箭头指向"N"，代表北；蓝色箭头指向"S"，代表南。

而且最早的指南针雏形叫"司南"，所以就叫"指南针"。

这你就不知道了吧！因为南代表"阳"，古人以南为尊，所以就叫指南针。

红色明明指的是北方，为什么不叫"指北针"呢？

最后，我们一起来做一个简单的指南针吧。首先，你需要准备一块磁铁和一根缝衣针。接着，用磁铁摩擦缝衣针，赐予它"磁力"。然后，给缝衣针穿上小纸片"衣服"。

32

虽然我个子小，但是我本领大，不管把我放在哪里，我都认识南方。

一个小指南针做好啦！把它放在水面上，等它停下来后，针头指的就是南方！是不是很神奇？

图书在版编目（CIP）数据

让出行便捷的指南针 / 姜蔚文 ; 谢辉图. -- 南昌 :江西高校出版社, 2024.2

（科学真有趣. 改变世界的中国传统大发明）

ISBN 978-7-5762-4354-3

Ⅰ. ①让… Ⅱ. ①姜… ②谢… Ⅲ. ①指南针 – 技术史 – 中国 – 古代 – 儿童读物 Ⅳ. ①TH75-092

中国国家版本馆CIP数据核字(2023)第230317号

审图号：GS京(2023)2099号

让出行便捷的指南针

RANG CHUXING BIANJIE DE ZHINANZHEN

策划编辑：王　博
责任编辑：王　博
美术编辑：张　沫
责任印制：陈　全

出版发行：江西高校出版社
社　　址：南昌市洪都北大道96号（330046）
网　　址：www.juacp.com
读者热线：(010)64460237
销售电话：(010)64461648

印　　刷：北京印匠彩色印刷有限公司
开　　本：787 mm × 1092 mm　1/12
印　　张：3
字　　数：42千字
版　　次：2024年2月第1版
印　　次：2024年2月第1次印刷
书　　号：ISBN 978-7-5762-4354-3
定　　价：19.80元